植物的群落

撰文/苏倩仪　　审订/郑武灿

中国盲文出版社

怎样使用《新视野学习百科》?

> 请带着好奇、快乐的心情，
> 展开一趟丰富、有趣的学习旅程！

1 开始正式进入本书之前，请先戴上神奇的思考帽，从书名想一想，这本书可能会说些什么呢？

2 神奇的思考帽一共有6顶，每次戴上一顶，并根据帽子下的指示来动动脑。

3 接下来，进入目录，浏览一下，看看这本书的结构是什么，可以帮助你建立整体的概念。

4 现在，开始正式进行这本书的探索啰！本书共14个单元，循序渐进，系统地说明本书主要知识。

5 英语关键词：选取在日常生活中实用的相关英语单词，让你随时可以秀一下，也可以帮助上网找资料。

6 新视野学习单：各式各样的题目设计，帮助加深学习效果。

7 我想知道……：这本书也可以倒过来读呢！你可以从最后这个单元的各种问题，来学习本书的各种知识，让阅读和学习更有变化！

神奇的思考帽

客观地想一想

用直觉想一想

想一想优点

想一想缺点

想得越有创意越好

综合起来想一想

? 你曾经看过哪些植物群落？

? 你觉得哪个植物群落最美？

? 植物群落对地球有什么
贡献呢？

? 草原沙漠化会产生什么
影响？

? 如果举办夏令营活动，你希
望在哪个植物群落中举办？
为什么？

? 我们应该如何看待植物的
演替？

目录

■神奇的思考帽

CONTENTS

什么是植物群落

(图片提供/GFDL，摄影/Erik)

当我们走进国家公园，常会看到广阔的草原和茂密的森林，它们就是两种不同的植物群落。植物群落是指一个区域内所有植物的总和，这个区域可大可小，但是区域内的环境条件要差不多。各种群落分别有一定种类的植物，例如森林群落中一定会有乔木，而且占相当大的比例。每种植物群落都有各自的外观和特色。

植物群落的形成

植物群落和它所在的环境有密切的关系。每个环境中的气温、降雨量、湿度、风、光照、土壤等，都会决定哪些种类的植物才能生长，因此会形成各种不同的植物群落。反过来说，在不同植物群落中，我们可看到植物是如何适应它所生长的环境。

台湾合欢山区的冷杉林和箭竹原，前者是原来的群落，后者是火灾后的次生群落。图中可看出哪面山坡较常发生火灾。（摄影/黄丁盛）

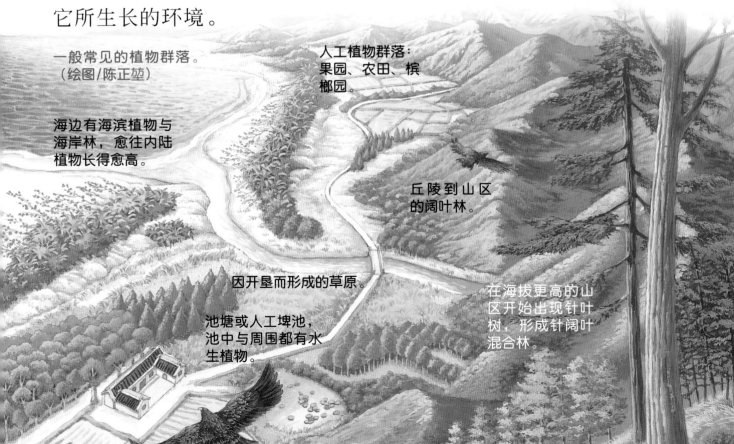

一般常见的植物群落。（绘图/陈正堃）

人工植物群落：果园、农田、槟榔园。

海边有海滨植物与海岸林，愈往内陆植物长得愈高。

丘陵到山区的阔叶林。

因开垦而形成的草原。

池塘或人工埤池，池中与周围都有水生植物。

在海拔更高的山区开始出现针叶树，形成针阔叶混合林。

在这些影响因素中，许多都和气候有关，而气候又与纬度关系最密切，因此植物群落所在的纬度成为首要的关键，例如低纬度的热带或高纬度的寒带。气候也和地势高低有关，因此在亚热带区的高山也会出现温带、寒带气候。除此之外，距海远近、盛行风向等都会影响降雨量、四季气温等，所以同样在热带的植物群落又分为热带雨林、热带季风林、热带沙漠植物等。

如何观察植物群落

植物群落又称植物社会，当我们观察时可注意三个方向：1.这个社会有哪些成员？也就是有哪些植物种类。2.这些成员是如何分布，哪些在高层？哪些在低层？哪些在向阳的地方？哪些在背阳的地方？不论垂直分布或水平分布都要观察。3.这些成员的生长季节有什么不同？或是谁在白天开花？谁在晚上开花？观察这些方向，能让我们了解这个社会的成员如何生活在一起。

右图：在美国西雅图双瀑布步道旁，树木上附生许多地衣与蕨类：出现大量的枝状地衣，表示当地湿气重且空气洁净。（图片提供/维基百科，摄影/pfly）

左图：利比亚撒哈拉沙漠中的绿洲，有水可供植物生长的区域，与周围的沙漠呈明显对比。（图片提供/维基百科，摄影/Luca Galuzzi）

你也可以当调查员

调查植物群落的组成时，首先要选定区域作为调查样区，然后在四周拉上工作线。样区的大小可依照主要组成植物的大小来决定，例如调查森林的群落组成，主要植物种类为大型乔木，就选取50米×50米的区域做样区；若是要调查校园草坪的群落组成，主要植物种类是小型草本植物，就以1米×1米的区域为样区。接着记录样区中植物的种类、数量、高度、树木胸径和树冠覆盖面积等资料，并记录样区的环境因素，如：地理位置、地形、坡向、土壤及气候等。等收集好植物和环境的资料后，就可以探讨分析植物组成与环境的关系，或植物群落的分布状况了。

做植物调查时，通常以绳索标出调查的样区范围。（图片提供/达志影像）

植物群落的类型

（图片提供/维基百科，摄影/Yummifruitbat）

世界上有许多大大小小的植物群落分布在各地，虽然每个群落的植物组成都不相同，但我们仍可以根据几种分类方式，将它们归纳成几种类型，相同的类型有共同的外观和特色。

依照优势植物的组成

每一个地区都会有特别适应环境的植物种类，它们的数量比较多，并且影响整个群落的外观与结构，称为这个群落的优势植物。我们可以根据优势植物的生活形态来分类，例如由乔木组成的森林、灌木组成的灌木林、草本植物组成的草原等；也可以用优势植物的生长习性来分类，例如落叶林、常绿林等；

非洲坦桑尼亚莽原上，可以看到远处的乞力马扎罗火山。虽然在同纬度的同区域，但是因为海拔不同造成气候差异，平地的植物群落是莽原，山上却有高山寒原。（图片提供/达志影像）

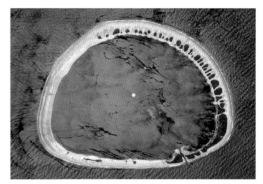

西太平洋上的努库罗环礁，因内侧海域较外侧平静，植物聚集在内侧。植物能遮蔽海风，因此最大植物群落的背风处，成为居民聚居地。（图片提供/NASA）

如果优势植物只有一种，就直接以种类来分类，例如冷杉林、铁杉林等。

依照纬度的分布

地球上纬度愈高的地区，日照量愈少，因此形成不同的气候，尤其是气温的变化最明显，从低纬度到高纬度可分为热带、亚热带、温带和寒带气候区。不过这种分类方式可以再细分，例如热带沙漠植物、热带雨林和热带季风林，因为即使气温相同，各地的降雨量和风向仍有差异。除此之外，我们也可以将气候区加上优势植物来分类，例如温带草原、温带落叶林等，因为即使在相同的气候区，各地的微气候和土壤等条件并不相同，因此会出现不同的植物群落。

奥地利的针阔叶混合林，在秋天变得色彩缤纷。植物群落的分界并不是非一即二，常常有混合的区带。（图片提供/GFDL，摄影/Johann Jaritz）

调查植物群落和GIS

地理信息系统GIS大约从20世纪70年代开始发展，原用于美国政府解决日益严重的环境问题。发展至今，GIS系统的应用非常广泛，例如城市规划、土地开发、灾害防治、水资源管理等等。它利用电脑信息系统，将搜集到的各种地理资料，储存、处理、分析和展示，甚至进一步和其他系统结合，提出模拟、预测和决策。它处理的资料包括自然环境、建筑物等的分布和属性等等，使用者可以根据地区或设定条件来查询。

地球系统研究实验室制作的图片，将北美洲陆地范围、地形、经纬度、大气云层等资料，同时展现。（图片提供/NOAA ESRL）

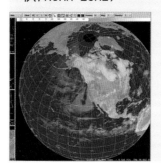

植物群落的调查也可以和GIS系统结合，我们利用样区法调查、搜集各地植物群落的资料后，输入到电脑中，就可以利用GIS系统来处理，并且结合系统中其他资料，如地图、经纬度、气候、土壤成分、植物种类等，成为实用的资料库。

依照地理位置

除了像热带、温带、寒带等纬度的不同，植物的生长地点也有海拔高度、近海（水域）距离的差异。海拔高度会影响气温，也会影响降雨量、风力、日照强度等，尤其高山的环境十分特殊，会形成很有特色的高山植物群落。另外，在海边、河边或河口，植物生长的环境和一般陆地大不相同，因此海滨植物、湿地植物都别具特色。至于生长在水中的水生植物，它们的群落更是另一个世界。

美国白沙国家保护区的沙丘区，是碱性缺乏有机质的石膏沙，仅有约15种植物能生存。图中的王兰属植物是优势种之一。（图片提供/GFDL，摄影/Daniel Schwen）

森林 1

（哥斯达黎加热带雨林里，各式各样的附生植物。图片提供/维基百科，摄影/Dirk van der Made）

森林是全球分布最广的植物群落，根据群落分布地点的气候，大致分为热带雨林、亚热带阔叶林、温带阔叶林与寒带针叶林四种主要类型。

伯利兹的热带雨林，乔木有板根的构造，上面附生凤梨科植物和苔藓，稍远处还有蔓藤与其他附生植物。（图片提供/达志影像）

热带雨林

热带雨林主要分布在赤道附近的低纬度地区，以南美洲亚马孙河流域的面积最大。热带雨林的月均温高达26℃，年降雨量2,000毫米以上，雨水充沛而没有旱季，空气湿度极高。高温多雨的气候，非常适合植物生长，树木高达三四十米，最高的甚至可长到六七十米。树冠也相当宽大茂密，若

身处雨林中，抬头几乎看不到天空，也因此底层植物稀少。树上有许多藤本植物和附生植物，争取少许泻下的阳光。因为湿度高，附生植物即使不着地长在半空中，也可以倚赖空气中的水分生存。由于降雨多，使得土壤常处于淹水的状态，植物的根部不易进行呼吸作用，因而发展出板根、支持根或气生根等构造，露出地表以吸收空气。

热带雨林（左）与亚热带阔叶林（右）的高度比较示意图。由于植物的生长很有发展性，两种植物群落的实际高度都可能更高。（插图/余首慧）

热带雨林的环境非常适合植物生长，植物高度高，群落层次也多，是生物多样性最高的生态系统。

哥斯达黎加雨林里有许多附生植物，红色叶尖的是凤梨科植物。（图片提供/GFDL，摄影/Ruestz）

哥斯达黎加的热带雨林，湿度高，而且大部分阳光被树冠遮蔽，林下幽暗。（图片提供/维基百科，摄影/Dirk van der Made）

亚热带阔叶林

亚热带阔叶林主要分布在亚热带地区，是由各种常绿阔叶树组成的森林，又称常绿阔叶林，中国长江流域以南的阔叶林最为典型，面积也最大。亚热带最冷月的温度在0℃以上，年降雨量超过1,000毫米，气候温和、雨水足，树木常绿，不需要落叶休眠过冬。亚热带阔叶林群落内部，可根据植物生长的状态，分为乔木层、灌木层和草本层，多层次让更多植物有适当的环境生长，所以组成的种类非常丰富，是稳定而茂盛的极盛林相。最常见的种类有樟树、橡树、山茶和木莲等常绿乔木，其中樟树与橡树有高度的经济价值。

温带也有雨林

温带雨林分布的区域很少，主要在中纬度地区，年降雨量至少2,000—3,000毫米，通常靠近海边，夏天凉爽冬天温和，由于湿气重，和热带雨林一样，有许多蕨类与苔藓等附生植物。北美洲西岸地区有世界最大的温带雨林，包括美国奥林匹克国家公园，以及加拿大的大熊雨林。其中，以针叶树为主，树木都长得十分高大，寿命也长，例如美国红杉，树龄可达2,000年以上，树高超过110米，是世界最高的树。

美国奥林匹克国家公园的步道，两侧树干上都有厚厚的地衣，地衣也让更多植物能附生在树干上，如苔藓、蕨类，甚至是被子植物。（图片提供/GFDL，摄影/Konrad Roed）

达观山自然保护区，是台湾北部保留最完整的中海拔森林生态系统，包括图中的亚热带阔叶林、温带阔叶林，还有台湾现存面积最大的红桧林。（摄影/黄丁盛）

森林 2

（波兰的温带林，春天时林下的草本植物绽放花朵。图片提供/GFDL，摄影/Tomasz Kuran）

由赤道往极地方向，森林的形态随着纬度升高而改变，亚热带与极地之间有温带阔叶林和寒带针叶林，主要分布在北半球，因为北半球的陆地面积较大。

温带阔叶林

温带阔叶林也称为落叶林，由阔叶树和草本植物组成，主要分布在四季分明的中纬度地区，气温变化明显，夏天日照时间长，温暖且雨量充足，冬天较为寒冷、干燥，最冷月均温在0℃以下。温

丹麦北部的温带阔叶林，山毛榉在春天长出新叶。地面上有苔藓与小型草本植物。（图片提供/GFDL，摄影/Malene Thyssen）

秋天枫红

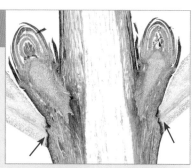

枫树枝条的纵切面。被染成蓝色的树皮与两侧浅蓝色的叶柄之间，一道明显的分界线就是离层。（图片提供/达志影像）

每到秋冬，落叶林便开始变色、落叶，这是为什么呢？秋天，落叶树的叶绿素开始分解，使胡萝卜素和叶黄素的颜色显现出来，叶片因此由绿色转变成黄色或红色。接近冬天时，叶柄基部会形成"离层"，离层在靠近枝条的部分有一层保护层，阻断枝条与叶片间的联系，而靠近叶片的细胞会被酶分解，使叶片和枝条分离，最后掉落。花落以及瓜熟蒂落，也是相同的原理。常绿树的叶子老化后才会出现离层，因此它不是永远不落叶，而是不随着季节落叶。

带的落叶植物在秋天日照时间开始缩短时减少光合作用，同时叶绿素分解，叶片因此变色，到冬天时掉落，如此能减少水分蒸散，也省下维持叶片运作的能量。因为年年有大量落叶，所

阿富汗喀布尔附近的温带阔叶林，秋天时叶片变黄。阿富汗男孩正收集落叶，用来生火。（图片提供/达志影像）

以土壤肥沃，足以让大型乔木生长。森林底层则有矮小的草本植物，在早春落叶木本植物尚未长新叶时，有机会获得充足的阳光，快速生长并开花结果。温带阔叶林的代表树种有橡树、桦树、枫树、榆树等，树形优美，常见人工栽植。

寒带针叶林

寒带针叶林是由针叶树组成，主要分布在北半球纬度较高的地区，夏季短促，最暖月均温为10℃，冬天天气

北美育空高原的森林，是杨属植物与云杉混合林，前者在初秋叶片变黄。（图片提供/维基百科，摄影/Ted Heuer）

严寒常下雪，年温差大。针叶树的叶通常终年常绿，比阔叶树的细小许多，表面有厚厚的角质层与蜡质，气孔下陷，以降低水分丧失；树干多半笔直，整个树形呈锥状，能让积雪自然掉落，减少降雪堆积的重量，北欧陡峭的斜屋顶便是相同的原理。针叶林通常会形成密林，加上气温偏低，森林下方常只有少数草本植物，植物种类比热带和温带森林少。常见的树种有松、杉、柏等，都是以球果繁殖的裸子植物。

针叶树的锥状树形让树上不会有太多积雪；这些积雪在春天时融解，成为重要水源。（图片提供/USDA，摄影/Tim McCabe）

加拿大温哥华的卡皮兰诺吊桥公园，在高耸的道格拉斯杉之间架设吊桥，离地面数十米高，让人们可以更接近森林顶层，从不一样的角度观察森林。（图片提供/达志影像）

草原

（非洲雨季时的莽原，图片提供/维基百科，摄影/Marco Schmidt）

在雨量中等、不至于成为沙漠，但也不足以成林的地区，需水量比树木低的草本植物还能生长，因而形成草原。随着气候的不同，草原又分为热带草原与温带草原。

热带草原

热带草原的分布地区，全年气温高，雨季时平均温度约30℃；旱雨季明显，年降雨量约500—2,000毫米。热带草原通常出现在地形平缓的地区，优势植物为耐干旱的高大禾草，高可超过2米，另外还有些耐

非洲喀麦隆的莽原，旱季时地面上的草枯黄，树木因为根系很深，能吸收水分而保持绿意。（图片提供/维基百科，摄影/BrianSmithson）

草原退化

全世界现在约有12亿的人口正面临沙漠化的威胁，他们原来居住的草原，逐渐成了寸草不生的沙漠。草原本来就分布在比较干燥的地区，有些甚至是在沙漠周围。在干旱或半干旱、半潮湿的草原，人们放牧或小规模地种植。然而由于人口增加、农牧的生产扩大，许多草原因过度开发和使用而失去复原能力。此外，近年来的气候变化，导致缺水或土地积盐，土地贫瘠使得草种变少，植株变矮，群落变小，称为草原退化，其中沙漠化是最严重的状况。草原退化不只影响农业和畜牧业，还会影响气候，例如沙尘暴明显增加。

中国西宁附近的山丘，以人工草地来保持水土。（图片提供/达志影像）

草原通常生长在平原或高原上，往往一望无际，经常被辟为牧场或农田。（图片提供/达志影像）

旱的矮灌木或树木，散布在草原中，所以又称为"热带疏林"或"莽原"；若在降雨量更稀少的地区，则完全没有树木生长。草原植物的根系通常很发达，甚至比地上部的体积还大，因此能在短暂的雨季里尽量吸收水分。旱季时，草原植物以根或种子状态，度过干旱时期。非洲、澳大利亚和南美洲都有热带草原。

温带草原的草，高度比热带草原矮小许多。图为中亚吉尔吉斯高地的草原，妇女正赶马准备挤奶。（图片提供／达志影像）

草原的优势种通常是禾本科植物。左图为其中一种，果实披有长芒，可随风散布。（图片提供／维基百科，摄影／Desmond D）

温带草原

温带草原的分布地区，四季分明，年降雨量约250—800毫米，主要集中在夏季，夏天气候温和，冬天寒冷且雨量较少，所以植物的组成以耐寒的旱生禾草为主。由于低温和较少的雨量，植物长得比热带草原低矮，地上部分的高度大多不超过1米。温带草原曾经占全球地表的42%，如今可能不到12%，大部分已经被开垦为农田或牧场，成为世界主要的粮食产地，例如美国中部和加拿大的草原三省，以及南美洲的彭巴草原；有的则因过度放牧而退化，植物变小变少，甚至沙漠化。

阿根廷的温带草原称为"彭巴"，是重要农牧地，牛肉举世闻名，阿根廷首都也位于此区域。（图片提供／达志影像）

寒原

（黄菀属的高山植物，图片提供/GFDL，摄影/Jerzy Opiola）

寒原是植物可以生长的最极限地区，依地理位置可分为高山寒原和极地寒原。这些地区的气候都是降雨少、寒冷和生长季节短暂。

世界最大的国家公园——格陵兰国家公园，靠近极圈的寒原景色，植物多半矮小伏地。（图片提供/维GFDL，摄影/Erik）

雪融解以后，把握有雪水且气温较高的时期，在春夏两季迅速生长并开花结果。

高山寒原

高山寒原主要分布在高山的森林界线以上，一般高山顶上多是岩石或碎石坡，表层土壤浅薄，风势强，昼夜温差大，以及冬季低温与降雪，只有耐寒、耐旱的灌木与草本植物，能够在这种环境生长。因为强风和降雪的恶劣环境，原是小乔木的树木会长成匍匐状的灌丛，又称"矮曲林"。寒原植物为了避免水分散失，许多种类的叶片甚至枝条上覆盖着鳞片或密毛。由于高山地区冬季经常降雪，不论是木本植物或草本植物，都利用春季

极地寒原

极地寒原主要分布在地球的北极圈，由于南极大陆太冷，植物无法生长。极地全年气候严寒，气温极低，雪期长达4个月以上，冬天还有极夜，整天没有日照。地下的土壤常年保持0℃以下，称为永冻层。永冻层上方只

瑞士布莱特峰海拔4,164米，附近山区的龙胆属植物，植株虽然娇小，花朵却艳丽显眼。（图片提供/GFDL，摄影/Dirk Beyer）

法国康塔尔省山上的柏属植物，因为高山的风势而长成矮小灌丛状。（图片提供/GFDL，摄影/B.navez）

美国冰川公园罗根山隘附近，高山的草本植物在夏季盛开。（图片提供/GFDL，摄影/Traveler100）

有一层薄薄的泥土，土地贫瘠，没有任何树木生长，只在最暖月均温0℃以上的地区，夏季时出现地衣、苔藓和少数草本植物。由于地面上多半是厚的苔藓层，所以又称"冻原"或"苔原"。夏天冰封的地表会解冻，草本植物便利用这短暂的时间快速生长，并开花结果以繁殖后代。

挪威斯瓦尔巴群岛上一种马先蒿属植物，可以看到茎和花都披着密密的长绒毛。（图片提供/GFDL，摄影/Michael Haferkamp）

4月一场冻雨，使植物从叶到花芽都结了一层冰。（图片提供/达志影像）

植物的抗冻性

当我们吃第一口冰棒时，有时会觉得刺刺的，这是因为冰棒表面结着冰晶。当气温降到0℃以下时，植物细胞中的水分也会结成冰晶，戳破细胞膜，伤害细胞，这就称为"冻害"。那么，能抗冻或耐冻性强的植物，是怎样应付冻害呢？它们会增加细胞质内水溶性溶质的浓度，例如糖类，来防止细胞结冰和脱水，因此寒带地区的蔬菜，过冬后吃起来会比较甘甜；或是合成"抗冻蛋白"与冰晶结合，减缓冰晶的发展伸长，以降低细胞膜破裂的机会。

湿地植物

（世界最大湿地潘塔纳尔湿地，横跨巴西、玻利维亚与巴拉圭三国。图片提供/维基百科）

湿地是陆地与水域的交会带，富含淡水或咸水，甚至有浅浅的积水。由于土壤湿软泥泞，通气性不佳，因此能在湿地生存的植物，各有特殊的适应方法。

芬兰南方的维尔克穆萨国家公园，有多种类型的沼泽，是候鸟迁徙时的重要休息地。

淡水湿地植物

淡水湿地分布在河流、湖泊、池塘的沿岸或是森林底层积水的地方，包括草泽地、森林湿地与灌丛沼地，一般通称沼泽。这些地方都属于低洼地区，容易因为雨水、地下水或附近水域的水蓄积而形成沼泽。沼泽的泥土质地细致，保水能力强，因此在土壤中几乎无法进行气体交换，植物需要有特别的构造来

（图片提供/维基百科，摄影/Miika Silfverberg）

英国诺福克郡的草泽里，农人正割下芦苇。芦苇是常见的草泽优势植物，长得比人还高。（图片提供/达志影像）

解决这个问题。例如草泽地中常见的芦苇、香蒲等草本植物，在叶片或茎的部位发展出特殊的通气组织来促进气体交换；在森林湿地中，木本植物会从根部向上长出分支，或以支持根与气生根来接触空气，例如北美的落羽杉；灌丛沼地是由未完全腐烂的苔藓类形成的泥沼地，大部分的水分和养分，都被吸附在厚厚的泥沼中，土壤偏酸性，只有一些耐酸性土质的草本植物和灌木可以生长，如越橘、杜鹃等。

美国密西西比河下游的森林湿地，原是以落羽杉为主的森林，有的植株已经超过1,200岁。图中可以看到落羽杉基部的板根。（图片提供/USDA）

河口湿地植物

河口湿地包括海滨地区潮间带，以及河流出海口的含盐湿地。除了涨退潮的冲击，海水还使土壤含有高盐分，会妨碍植物根部吸收水分与养分，因此植物除了要适应潮湿缺氧的土壤，还要适应高盐分。红树林是河口湿地植物群落的代表，主要分布在热带和亚热带河口的潮间带地区。全世界的红树林植物有数十种，如红树科的水笔仔与五梨跤、海茄冬科的海茄冬等，通常叶片厚，有支持根或呼吸根，并利用特殊的盐腺构造或代谢方式，把多余的盐分排出体外。另外，由于缺氧、高盐分的环境不利种子发芽，红树科还演化出"胎生"的繁殖方式，种子是在母株上发芽，长出幼苗后才落地继续成长。

帕劳红树林的水面下，可以看到浸在水中的支柱根，以及正努力长过水面的树苗。（图片提供/达志影像）

纸莎草

野生的纸莎草是一种高四五米的挺水植物，在古代埃及的尼罗河畔分布很多。它的茎杆呈三角形，又直又坚韧，埃及人用它来编织席子、拖鞋、盛物的器皿，甚至船只。茎杆内的白色髓质部分则可制成莎草纸，是古埃及、希腊和罗马的重要书写材料；埃及法老的木乃伊通常也用它来包裹。纸莎草像多数挺水植物一样拥有地下茎，因此扩展得很快。它的绿褐色小花簇生在茎杆顶端，靠风力传粉，而果实则利用水流传播。在茎杆顶端还有放射状的叶子，有如烟火十分好看，因此改良后只有1米高的纸莎草，成了受欢迎的园艺植物。

英国皇家植物园种植的纸莎草。（图片提供/维基百科，摄影/Adrian Pingstone）

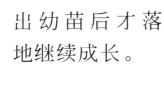

海滨植物

(欧洲海滨植物岩茴香，有肉质的厚叶片。图片提供/维基百科，摄影/Julio Reis)

海滨植物沿着海岸线分布，海浪或多或少会到达；或较靠近内陆，连最大的海浪都打不到。根据不同的地形与地质，海滨植物可分为礁岸植物和沙地植物。

礁岸植物

礁岸植物生长在海边珊瑚礁形成的礁石上，因为常遭受带盐分的海风吹袭和潮水冲击，加上夏季日照强烈、地面温度特别高，只有耐旱、耐盐和抗风力强的阳性植物可

美国加州岩岸上盛开的冰花，是著名的耐盐植物，能忍受海边的环境。（图片提供/达志影像）

以生长。由于经常受强风吹袭、土壤又稀少，这里的植物群落没有乔木，主要由灌木组成，树形低矮呈匍匐状。常见的礁岸植物有水芫花、安旱草、海马齿、白水木、苦林盘等。这些植物多半叶肉肥厚，以储存水分；叶表有厚角质且呈现革质状，或在叶片和茎的表面密生绒毛，以减少水分丧失。

沙地植物

沙地植物生长在海岸的沙地上，这里的土质通常贫瘠且疏松，加上强烈海风整年吹袭，植物容易被掩埋在沙里。沙土的保水力低，雨水很快就流

台湾兰屿的珊瑚礁岸上，优势植物为水芫花，因海风而匍匐生长，但在风势较弱的地方能长成小灌木。（摄影/黄丁盛）

走，而且愈靠近海岸线，含盐分愈高。为了适应干燥又高盐分的环境，沙地植物多半为耐贫瘠、耐干旱、耐盐又抗风的阳性草本植物，叶片细长或平铺地面，例如结缕草、雀稗及滨防风；有些则是匍匐性植物，例如常见的马鞍藤、海埔姜，由茎节长出许多不定根，稳稳固定在疏松的沙土上，也能吸收更多水分；滨剪刀股还将匍匐茎和叶柄全藏在沙里，只露出叶片与花朵。

几乎热带地区海边都看得到马鞍藤，通常是沙滩上海滨植物的第一线。（图片提供/GFDL，摄影/B.navez）

台湾的东海岸，近处是草海桐，右侧心形叶是黄槿，后者在更靠近内陆的地方能长成乔木，是台湾常见的海岸林优势种。（摄影/萧淑美）

植物的抗盐性

盐是植物生长所需要的矿物质，但如果土壤中有太多的盐会让一般植物受不了。主要原因有二：一是盐类离子太多会伤害植物，例如引起代谢失常；二是盐浓度太高，会导致植物体内的水向外渗透，而发生脱水。那么，抗盐植物如何解决这些问题？对于脱水问题，有些抗盐植物会提高细胞内可溶性物质的浓度，让外面的水能渗透进来，因为浓度低的溶液中的水分，会向溶液浓度高的方向流动。至于盐分问题，有些植物在茎或叶片的表面具有盐腺，可以把过多的盐分排出体外，例如红树科植物；有些则把吸收的盐分输送到液泡中，与细胞其他部分隔离，盐分就不会对细胞造成伤害；或是在根部就滤掉大部分的盐分。

在巴西红树林植物的叶片上，盐腺泌出的盐分累积成盐结晶。（图片提供/维基百科，摄影/Ulf Mehlig）

近内陆的海滨植物

稍微远离海岸的地方，海风较弱，土壤盐分也比较低，便有长得高大一点的植物，例如草海桐等灌木。更靠近内陆，有黄槿和林投等乔木，树林内还会出现攀缘植物，像有"风不动"之称的拎壁龙，它会紧紧攀附着树干或是岩壁。由于仍受到海风与盐分的影响，这里的植物也具有叶片光滑或布满绒毛的特点。

水生植物

（芋是挺水植物，也是两栖性植物，水田旱田都可以栽植。图片提供/GFDL，摄影/Forest & Kim Starr）

水生植物是生长在多水环境的植物，根据生长习性，可分为挺水植物、沉水植物、浮叶植物和漂浮植物。它们生活在缺乏空气的水中，叶柄、叶片或茎部会形成通气组织，储存空气。有些植物开花时把花伸出水面，借昆虫或风力来授粉；也有些植物会在水中长出闭锁花，不开花就可自花授粉。

挺水植物和沉水植物

常见的挺水植物有荷花、香蒲等，通常生长在水边或水位较浅的地方，又称两栖性植物。它们的根部长在泥土中，茎和叶片挺出水面，但基部浸在水里。有些挺水植物有两型叶：水面上和水面下的叶片，形状不一样，例如石龙尾属植物。

浅水处的水生植物群落，前方可以看到沉水与浮叶植物，还有小小的浮萍，水边有挺水植物及其他喜湿的植物。

（图片提供/GFDL，摄影/Ellywa）

荷花是挺水植物，叶与花都挺出水面，发达的地下茎是莲藕，种子称为莲子。

水生植物生长习性示意图。（插画/萧玉君）

菱的浮水叶贴着水面，水面下还有须根状的沉水叶。

睡莲是浮叶植物，有地下块茎。

水蕴草是沉水植物，全株都在水面以下。

眼子菜属植物多半有两型叶：椭圆形的浮水叶，以及长椭圆或长线形的沉水叶。

挺水植物的大部分叶片伸出水面。右上是香蒲，花序长得像蜡烛，又称水蜡烛。左边的野慈菇叶形像剪刀，也叫三脚剪。

沉水植物通常生长在水较深的地方，大部分种类的根部也是长在泥土中，但茎和叶片则完全沉浸在水里，叶片常是线形或丝状，以减少水流的冲击，并且能增加水中氧气和阳光的吸收率，例如水蕴草。

浮叶植物水金英，叶片背面中央有膨起的通气组织，能帮助叶片漂浮水面。（摄影/庄燕姿）

浮叶植物和漂浮植物

浮叶植物大多生长在深水的环境中，根或根茎固定在水底的泥土里，有长长的叶柄将叶片伸到水面，所以没有空气和阳光不足的问题；叶片平贴在水面，通常呈宽大的圆形或椭圆形，例如萍蓬草、睡莲与大王莲。有些浮叶植物也会在水中长出沉水叶，例如菱的浮水叶是菱形，沉水叶则像须根，可以帮助吸收养分。漂浮植物的根没有

上图是水萍与无根萍，后者是世界上最小的开花植物，果实也是最小的。右图是水葫芦，又称凤眼莲，叶柄基部膨大有通气组织。它们都是漂浮植物。（图片提供/GFDL，上图摄影/Eric Guinther，右图摄影/Eugene Zelenko）

闭锁花

有些植物为了在环境恶劣时留下后代，而发展出闭锁花的机制。闭锁花是花朵发育成熟后，花不打开便直接授粉，并发育成果实，所以闭锁花都是自花授粉。闭锁花因为不需要吸引昆虫传播花粉，花瓣通常都没有特别的颜色，或是根本没有花瓣。不少植物都有这种机制，例如水生的狸藻属植物，或某些堇菜科植物，会在温度偏高时长闭锁花。

狸藻是沉水植物，开花时花伸出水面，颜色显眼。它也是有名的食虫植物，有小小的捕虫囊。（图片提供/达志影像）

固定在土壤中，整株植物漂浮水面，随着水流漂移。这类植物无性生殖的能力很强，能快速地繁衍成一大片，占据水面，例如水葫芦、大萍（水芙蓉）、浮萍和槐叶苹。

沙漠植物

(南非北角沙漠的春天，花朵盛开。图片提供/维基百科，摄影/Winfried Bruenken)

沙漠大多分布在南北纬度30度，或是因地形影响而少雨的地区。沙漠的昼夜温差可高达50℃，年降雨量在250毫米以下，水分蒸散量远超过降雨量，因此多数时候十分干燥，偶尔下雨时，雨水也不易渗入干燥的土地，很快便顺着地表流失。植物要有特殊的机制，才能适应如此干旱的环境，例如为了减少水分蒸散，有些景天科植物在夜晚打开气孔吸收二氧化碳，白天再利用阳光完成光合作用。

肉质植物

这类植物有肉质状的茎或叶，根系短但分布广，下雨时，根系可以快速吸收土壤表层的水分，储存在肥厚的茎或叶中，以备干旱时期使用。为了减少水分散失，有些植物的叶片退化成针状，例如仙人掌；有的叶片表面有厚厚的角质，例如龙舌兰。

龙舌兰属植物，有厚厚的肉质叶，边缘带刺以保护自己，叶表还有厚角质帮助保存水分。（图片提供/GFDL，摄影/Stan Shebs）

美国管风琴仙人掌国家保护区邻近墨西哥，因管风琴仙人掌而得名。图中还可以看到正开着黄花的罂粟属植物。（图片提供/达志影像）

短生草本植物

沙漠的草本植物大多为一年生的禾草类，种子有坚韧的外壳，能在干旱季节休眠。当沙漠出现短暂的降雨，种子便迅速吸收水分，发芽、生长、开花并结果，仅仅两周左右便完成了生活史，然后再次以种子的形式休眠，度过漫长的旱季，等待下一次下雨。

旱生灌木

沙漠中的灌木，基干短小、长有许多分枝。有些植物的叶片小而厚，会在干旱期间落叶，以休眠度过旱季；有些则叶子退化得像鳞片一样，由绿色的树枝进行光合作用，例如有"无叶树"之称的梭梭。这类植物为了能吸收土中深层的水分，根系特别深而发达，例如红

柳（柽柳）的根系可长达20多米；有的还有两层根系，表土是一层广而浅的

动手做仙人掌笔筒

提到沙漠就会想到仙人掌，动手做一个不会刺人的仙人掌笔筒，让书桌多些异国风情吧。材料：绿色瓦楞纸、饮料纸盒、白乳胶、剪刀、色纸、尺、笔、双面胶。

1. 将饮料纸盒开口剪整齐。
2. 在瓦楞纸上画仙人掌外形，纸型要和饮料纸盒同宽，然后剪下纸型。

3. 剪好的纸型用双面胶贴在饮料纸盒外。
4. 依自己的喜好，加上帽子、眼睛、刺等装饰。

（制作/林慧贞）

仙人掌王国——墨西哥

你吃过火龙果吗？它是一种仙人掌的果实，原产于墨西哥。墨西哥可说是仙人掌王国，它的国旗中央就画着一只叼着长蛇的鹰，雄纠纠地站在仙人掌上。传说14世纪时，阿兹特克人从北往墨西哥迁移，太阳神托梦给他们：当他们看见一只叼蛇的鹰站在仙人掌上，就可以居住下来，而这个地点就在现今墨西哥城中心。墨西哥位于热带和亚热带，大部分地区气候干燥，仙人掌随处可见。全世界的仙人掌有3,000多种，而墨西哥就有2,000多种，外形差异很大，像火龙果属于三角柱仙人掌，是攀缘性植物。墨西哥人很早就把仙人掌拿来食用或药用，旅人口渴时还可以取富含水分的仙人掌茎来解渴。另外，仙人掌的根系发达，对于水土保持也很重要，墨西哥人还以仙人掌作为围篱。对墨西哥人而言，仙人掌可以说全身是宝！

墨西哥沙漠，左侧的树有肉质厚树皮与极小的叶片；右侧是大型仙人掌，因缺水使茎明显皱缩。（图片提供/维基百科，摄影/Tomas Castelazo）

根系，能在雨季来临时大量吸水，另一层较深的根系，可以在干旱期间吸收土壤深处的水分。

蒙古温带沙漠的梭梭树，藜科，叶退化，由绿色的新生枝条进行光合作用。（图片提供/维基百科，摄影/He—ba—mue）

单元11

人工植物群落

（向日葵田，图片提供/USDA）

人工栽培的植物群落，虽然依靠人力来维持，但仍受到自然环境和气候条件的影响。人工植物群落主要有两方面用途：经济和环境保护。

经济作物

全世界都有大面积的人工植物群落，提供人类食用或使用，例如：生产稻米、玉米、小麦等粮食作物的农田；出产各式蔬菜的菜园；种植水果的果园；提供切花与香水材料的花田。此外，还有以树木为主的人造林，又称经济林，所生产的木材，可供制作工艺品、家具或建材。人造林按照树种的组成，可分为以一种植物为主的纯林如

古巴的烟草田，这些烟草叶处理后会制成雪茄。美洲原住民最早使用烟草，大航海时代后烟草才开始散布各地。（图片提供/达志影像）

中国云南省的梯田。稻米占世界粮食作物产量第三位，供养亚洲东部至南部的众多人口，主要生产国也大多是亚洲国家。

（图片提供/GFDL，摄影/Jialiang Gao）

海枣又称椰枣，栽植历史超过5,000年，原产地已难以确定；植株高达15—25米，果实可食，其他部位也有用途。（图片提供/GFDL，摄影/Thomas Schmidt）

以色列的小麦田。粮食作物中小麦的世界产量仅次于玉米，原产于亚洲的两河流域，最大的小麦生产国是中国、印度、美国。（图片提供/GFDL，摄影/Aviad Bublil）

柳杉林，以及种植多种植物的混交林；后者可同时生产数种木材，用途更广，由于比纯林有更高的多样性，比较不容易整片染病死亡。

环境保护

栽植人工植物群落，还具有保护各种不同环境的功能，或是美化环境。例如：海岸地区的防风林，能减少海风侵蚀，并固着沙土，保护邻近的田地与住家。河岸湿地的人工植物群落，可以净化水质与保护河岸。开发地区的人工植物群落，可以防止水土流失或土地沙漠化。在空地的绿地，除了美化环境，绿荫与草地还能调节微气候，让环境变得比较舒

高尔夫球场的草坪

1754年，世界上第一座高尔夫球场出现在苏格兰，称为Royal and Ancient高尔夫俱乐部。直到今天，全世界的高尔夫球场超过25,000座。高尔夫球场有宽阔的人工草坪，包括球道、果岭、发球台等，此外还有不常修剪的长草区。球场为了维持人工草坪，必须大量施用农药和肥料，而造成环境污染，因此常受到批评。针对这些缺点，有人便提出球场和环境兼顾的方法，例如人工草坪选用抗虫害或病害的品种，像有些品种的百慕达草能抗病或抗杂草，以降低农药的使用。由于每个品种的特性不同，而环境的不利因素很多，所以要采取混合品种的栽植。另外，球场也应缩小除草剂的使用范围，因为对于许多生物来说，杂草是重要的食物来源或栖息处。至于肥料的使用，则应该提高生物肥料的比例。

夏威夷檀香山的Kaneohe Klipper高尔夫球场，紧邻着太平洋。（图片提供/USMC）

适。在城市中的人工植物群落，则为动物创造了珍贵的栖息地。人工植物群落是人类经济活动下的产物，若原始植被无法恢复时，仍是保护自然环境与平衡生态的方法之一。

美国纽约的中央公园。公园提供绿荫并调节微气候，也提供一处放松的休憩地。（图片提供/维基百科，摄影/Haftthor）

单元12

植物群落的演替 1

（水坝对环境的直接冲击：蓄水淹没上游，下游水量减少。图片提供/GFDL，摄影/Calips）

当某个地区的植物群落，从一种类型逐渐变成另一种类型，这个过程就是植物的演替。以森林演替来说，从空旷地发展到一座温带森林需要几百年的时间。

影响演替的原因

影响植物群落演替有内在和外在因素。外在因素包括自然和人为两类：自然因素有气候、地质、火山、天然火灾、虫害等，人为因素有砍伐、开垦、火耕等。这些因素会改变植物生长所需的条件，并进一步改变植物群落的组成，或是演替的方向。例如，一处热带雨林原本是很稳定的顶极群落，但因为人类进行开发，林木被砍伐后，出现一大片空旷地，使原本雨林下无法生长的向阳性植物如禾草类，又有机会得到阳光而开始生长，于是群落的组成就发生改变。

内在因素是植物本身引起的作用，植物的种类和数量都会影响环境，例如影响阳光的照射范围，或是改变土壤的酸碱度。当新的环境条件出现，原来的植物可能就不适应而被淘汰或数量减少，而让其他适应新环境的种类加入。

2007年夏天，索马里潘特兰地区，被蝗虫群吃掉大半树叶的木瓜园。（图片提供/达志影像）

加拿大班夫国家公园内，在路易斯湖边的冲积三角扇，局部地区因为不断有新的沙土堆积，而一直处于裸地状态。（图片提供/达志影像）

白木林

在高海拔的山上，放眼看去，多是深绿色的针叶林，但有些地方竟会出现一片白木林。这样如梦幻般的树林，其实经历过一场森林大火。为什么大火没有把它们烧完、烧黑？为什么火灾后数十年甚至数百年，它们还可以这样站立着？这是因为高海拔地区的气温比较低，火势不会太强、燃烧时间也不会太长，有些种类的针叶树含水量高，如台湾冷杉、玉山圆柏、铁杉等，就不容易被烧尽，而留下树干。随着经年累月的风吹、日晒，树皮和小枝条会渐渐剥落，但因为低温下微生物较不活跃，树干不容易被分解，而露出白色的木质部分。整片枯树至少要经过数十年以上，才能形成白木林。白木林也同样会出现在寒带森林。

台湾雪山主峰南面的玉山圆柏白木林，是1991年火灾后的森林遗迹。（图片提供/达志影像）

植物演替流程示意图。左边是演替初期，植物较矮小，通常是阳性植物，例如五节芒、血桐；之后植物越来越多，阴性植物也会进驻，如猪脚楠、蛇根草；最后成为右边茂密的针阔叶林。（绘图/王文明）

演替的方向

植物演替的方向，有正向和逆向。正向是由无到有、从简到繁，以常见的森林演替来说，原生裸地是由苔藓、地衣阶段

2005年，亚马孙热带雨林发生40年来最严重的旱灾。（图片提供/达志影像）

开始，经过草本群落、灌木群落阶段，最后进入乔木群落的森林阶段。不过，有时植物演替会受环境限制而不能继续发展，例如在高寒和干旱地区，演替会停留在苔藓地衣群落或草本群落。逆向演替则相反，通常是受到强烈的自然或人为因素干扰，例如环境沙漠化，使得草原群落变成稀疏的半沙漠。

在演替的过程中，由于环境不断受到各种因素的影响，因此植物群落一直处于变动的状态，直到植物群落和环境的关系稳定，这时就到了演替的最后阶段，而形成顶极群落，例如森林和寒原。

植物群落的演替 2

（埃特纳火山爆发后造成的裸地，图片提供/GFDL，摄影/Elian）

从地球上出现植物以来，便不断进行着植物群落的演替。有时候演替是从零发展，称为初级演替；但大多数是从被破坏的状态重新发展，称为次级演替。

意大利西西里岛的埃特纳火山，是欧洲最活跃的火山。图中是在熔岩上萌发的植物。（图片提供/维基百科，摄影/Ekoclen）

初级演替

如果植物的演替开始于原始裸地，也就是没有长过植物、没有土壤的地方，就是初级演替，又称为原生演替。原始裸地包括裸露的岩石、火山爆发后冷却的熔岩、海水后退而新生的沙滩等，这些地方在长时间的风化作用后，岩石渐渐生成土壤，让先锋植物可以生长，而慢慢形成植物群落。一般说来，如果环境的条件许可，也没有任何干扰，初级演替会从先锋期、过渡期，最后发展到巅峰期，形成顶极群落。例如亚马孙河流域的热带雨林，就是经过初级演替形成的原始森林，物种的多样性高，达到稳定平衡的状态，是一个顶极群落。

美国冰川国家公园在2003年夏天发生森林火灾，这是隔年夏天的景象，已经进入次级演替，右侧是原来的森林植物群落。（图片提供/维基百科，摄影/Wingchi）

次级演替

次级演替又称为次生演替，是原有的群落受到破坏后出现的演替过程，例如遭到人为砍伐、天然火灾或火山爆发等等。原来的地区虽然遭受破坏，但仍会保留土壤和一部分植物繁殖体（例如地下茎、根或种子），这些地

休耕的麦田。田地休耕时这片区域会进入次级演替，但进行到一半，就因复耕而中断。（图片提供/维基百科，摄影/Daniel Plazanet）

死去的倒木不仅让出空间给新生植物，本身也成为腐殖质来源。图为加拿大的太平洋海滨国家公园。（图片提供/维基百科，摄影/Wingchi）

区称为次生裸地。经过一段时间，残留的植物又重新生长和繁衍，形成新的植物群落，并继续发展。由于次级演替的地区保留了部分原来的植物及土壤，所以演替的速度比初级演替快。

次级演替的发展方向是恢复原生群落，但又不可能完全一样，例如高山发生森林火灾后，大部分的植物被烧死，针叶树形成白木林，但是林下的箭竹类植物还留有地下茎，等火灾过后环境渐渐稳定下来，这些地下茎可能会发芽繁衍，然后加上新来的植物种类，形成新的植物群落。

圣海伦火山的演替

1980年春天，美国圣海伦火山大规模爆发，有500平方公里的森林死亡，大地一片死寂。然而，爆发后5年，逐渐出现了一些生机：一些残留根部又能突破火山灰与浮石而发芽的植物，首先占据空地，而其他少数逃过一劫的植株也开始繁殖了。1995年起，植物种类与数量都稳定增加，接

1980年圣海伦火山爆发，20多年后，树苗从死去的倒木之间萌发，将形成新生的森林。（图片提供/达志影像）

下来的10年，灌木和乔木明显多起来，仅仅25年，就变成有树木的绿地。由此可见，植物残留的情况会影响次级演替的速度。

单元14

植物群落和自然环境

（欧洲的雉科鸟类红脚石鸡，图片提供/维基百科，摄影/Benjah-bmm27）

植物群落和气候、地质、地形、动物等有着密切的互动关系，因此认识一个地区的植物群落，能帮助我们了解当地的自然环境。例如，我们只要知道一个地区的植物群落是热带雨林，大致就可以推论当地的气温高、雨量多、海拔不高、动物种类多；如果植物群落发生改变，我们也可推论当地环境已经或将会发生的改变。因此，从事自然环境的保护或利用，都要从植物群落的研究开始。

自然生态的基础

植物群落是自然生态的基础，也是自然生态区的分类根据。不同的植物群落提供了不同的空间，供动物栖息或避难，因此各有不同的动物组成。例如低矮草原区的鸟类数量与种类，通常少于高草原区，因为高草原区的草丛，可以分成尖端及基部二个层次，供不同的鸟类利用。

美国加州田纳西谷，一只鹿隐藏在草丛中。（图片提供/GFDL，摄影/Mila Zinkova）

厄瓜多尔的科隆群岛上，仙人掌地雀正在吃仙人掌果实。仙人掌是这种鸟的食物，也是饮水来源。（图片提供/达志影像）

植物群落也提供了不同的食物，直接或间接让动物食用。每个植物群落能供养的动物种类和数量，由气候条件、植物群落大小、植物种类和数量决定。例如热带雨林的动物数量与种类，远远超过北极圈的寒原，因为后者只在夏天有些苔藓与草本植物。

气候与水土保持

植物的生长受环境的影响，但也会反过来影响环境。植物的根部为了吸收水分和营养，深入土壤微粒之间，固着土壤，让土质愈来愈稳定，更适合植物生长。植物的枝叶除了拦截降雨，还提供遮荫、阻拦强风，以及利用蒸散作用降温，使当地气候更舒适温

2004年敏督利台风侵袭台湾，带来的豪雨在高雄县山坡形成巨大的临时瀑布，这主要是因山区林地不当开垦，使土地无法消受大量雨水。（图片提供/达志影像）

鸟类与森林的结构

森林由低而高大致可分为草本层、灌木层和乔木层，在各层次结构中分布的植物不同，可提供动物的食物和居所也不同。以鸟类为例，鸷鹰科鸟类多以小型动物为食，所以栖息在乔木层的树冠顶层，方便寻找与猎食；画眉科鸟类以昆虫、浆果或花蜜为食，所以多在灌木层或乔木层间活动；飞行能力较差的雉科鸟类，主食为昆虫、蠕虫和种子，多在草本层活动，而且经常藏匿于浓密的灌丛中。同样的道理，当我

们栽种植物的层次愈多，便能吸引愈多的动物。

美国的白头海雕正带食物回巢。为了方便捕猎，它们会寻找近水且视野良好的树筑巢。（图片提供/达志影像）

和；落叶还能改善土质。植物群落稳定后，若遭到破坏，土石间少掉植物根部的结合力，加上下雨时，雨水直接冲刷泥土，又没有植物吸收过多的水，土壤便会渐渐流失；大雨时，雨水夹带崩落的土石流动，就造成可怕的泥石流。因此，保护植物群落的完整性，能稳定和改善自然环境。

陡坡的土壤容易被雨水冲刷，要靠植物来固着土壤。（摄影/黄丁盛）

英语关键词

植物群落 plant community

样区 sampling area

优势植物 dominant plant

地理信息系统 GIS/geographic information system

森林 forest

热带雨林 tropical rainforest

附生植物 epiphyte

板根 buttress root

温带雨林 temperate rainforest

亚热带阔叶林 subtropical broad-leaved forest

温带阔叶林 temperate broad-leaved forest

针叶林 coniferous forest

离层 abscission (layer)

草原 grassland

北美大草原 prairie

南美大草原；彭巴 pampas

热带草原；莽原 savanna

草原退化 degeneration of grassland

寒原；苔原 tundra

高山寒原 alpine tundra

高山植物 alpine plant

森林界线 forest line/tree line

北极带；寒带 arctic zone/cold zone

冻害 freezing injury

抗冻蛋白 antifreeze protein

湿地植物 wetland plant

淡水湿地 freshwater wetland

沼泽 swamp

气（生）根 aerial root

支持根 stilt root/prop root

河口湿地 estuary wetland

红树林　mangrove

短生草本植物　therophyte

胎生　vivipary

休眠　dormancy

纸莎草；莎草纸　papyrus

旱生灌木　xeric shrub

海滨植物　littoral plant

仙人掌　cactus

珊瑚礁　coral reef

人工植物群落　artificial plant community

盐腺　salt gland

经济作物　economic crop

水生植物　aquatic plant/ water plant/hydrophyte

高尔夫球场　golf course

挺水植物　emerged plant

演替　succession

沉水植物　submerged plant

顶极群落　climax

浮叶植物　rooted floating plant

白木林　white woods

漂浮植物　free floating plant

初级演替　primary succession

通气组织　aerenchyma

次级演替　secondary succession

气室　gas chamber

原生林　primary forest

闭锁花　cleistogamous flower

次生林　secondary forest

沙漠植物　desert plant

火山　volcano

肉质植物　succulent plant

泥石流　mud flow/ mud-rock flow

新视野学习单

1 关于植物群落的叙述，哪些是正确的？（多选）

1.植物群落是指一个区域内所有植物的总和。

2.纬度和海拔高度都会影响植物群落的形成。

3.观察植物群落只要注意有哪些植物种类。

4.植物群落可以根据优势植物或气候区来分类。

5.全球分布最广的植物群落是森林。

（答案在06—11页）

2 连连看：请将左边的植物群落与右边相对应的叙述连起来。

极地寒原·   ·以裸子植物为主

热带草原·   ·世界主要的粮食产地

寒带针叶林·   ·又称"热带疏林"或"莽原"

温带草原·   ·又称"冻原"或"苔原"

热带雨林·   ·植物会发展出板根、支持根或气生根等

（答案在10—17页）

3 排排看：下列植物群落的分布，从低纬度到高纬度的顺序是
什么？最低的写1，最高的写5。

（　）亚热带阔叶林　　（　）热带雨林

（　）温带阔叶林　　　（　）极地寒原

（　）寒带针叶林

（答案在10—13，16—17页）

4 连连看：请将左边的植物和右边对应的适应机制连起来。

红树科植物·   ·耐酸性土壤的湿地植物

滨剪刀股·   ·叶肉肥厚，叶表有厚角质的匍匐灌木

芦苇·   ·种子长成幼苗后才脱离母株的胎生植物

水芫花·   ·茎和叶柄藏在沙里，只露出叶片与花

越橘·   ·根部向上长出分支，或有支持根与气生
根的木本植物

落羽松·   ·叶片或茎有通气组织

（答案在18—21页）

5 下列哪些水生植物可能会长出两型叶？正确的请打✓。
（多选）

（　）浮叶植物　　（　）挺水植物
（　）沉水植物　　（　）漂浮植物
（答案在22—23页）

6 植物会发展哪些特殊构造来适应多水的环境？正确的请打✓。
（多选）

（　）板根　（　）肉质茎　（　）通气组织　（　）气生根
（答案在10，18—19，24页）

7 下列哪一项"不是"沙漠植物的特性？（单选）

1.植物在夜晚打开气孔吸收二氧化碳，白天再利用阳光完成光合作用。
2.有肥厚肉质的茎或叶，可以储存水分。
3.茎部有大量的气室或通气组织，能够储存空气。
4.根系短但分布广，下雨时，能快速吸收土壤表层的水分。
（答案在24—25页）

8 人工植物群落有哪些功能？正确的请打✓。（多选）

（　）美化环境　　（　）固着沙土　　（　）提供粮食
（　）生产木材　　（　）土地沙漠化　（　）净化水质
（答案在26—27页）

9 下列哪个群落可以算是顶极群落？正确的请打✓。（单选）

（　）白木林　　（　）果园
（　）柳杉林　　（　）热带雨林
（答案在26—27，30页）

10 有关植物的演替，哪个叙述是"不正确"的？（单选）

1.初级演替是指植物演替开始于原始裸地，又称原生演替。
2.在发生天然火灾以后，重新形成植物群落的过程，是次级演替。
3.初级演替的速度比次级演替快。
4.次级演替速度会受植物残留情况的影响。
（答案在30—31页）

■■ 我想知道······

这里有30个有意思的问题，请你沿着格子前进，找出答案，你将会有意想不到的惊喜哦！

开始！

哪些环境因素会影响植物群落？
P.06

非洲会有寒原吗？
P.08

什么势植

什么是两栖性植物？
P.22

什么是两型叶？
P.22

荷花和睡莲有什么不同？
P.22

太棒赢得金牌。

哪种植物又称"风不动"？
P.21

植物演替只有一种方向吗？
P.29

初级演替和次级演替有什么不同？
P.30

在陡坡栽种植物有什么功能？
P.33

什么植物会把盐分排出体外？
P.21

白木林是如何形成的？
P.29

高尔夫球场的草坪对环境有什么影响？
P.27

颁发洲金

太厉害了，非洲金牌也是你的！

古埃及人利用纸莎草做什么？
P.19

世界最大的湿地在哪里？
P.18

为什么过冬后的蔬菜比较甜？
P.17

为什么又称苔

是优
物?

P.08

全球分布最广
的植物群落是
什么?

P.10

热带雨林主要分布
在哪里?

P.10

不错哦，你已前
进5格。送你一
块亚洲金牌！

了，
美
洲

菱是哪种水生
植物?

P.23

什么花不会开
放?

P.23

亚热带阔叶林里最
常见的树木有哪
些?

P.11

落叶林是指哪种森
林?

P.12

太好了！
你是不是觉得：
Open a Book！
Open the World！

哪种树又称
"无叶树"?

P.24

叶子为什么会掉
落?

P.12

大洋
牌。

为什么人类要
栽种植物?

P.26

火龙果是哪种
植物的果实?

P.25

针叶树如何避免降
雪堆积?

P.13

寒原
原?

P.17

什么是草原
退化?

P.14

获得欧洲金
牌一枚，请
继续加油！

热带草原上的禾草
能长到多高?

P.14

图书在版编目（CIP）数据

植物的群落：大字版 / 苏倩仪撰文．—北京：中国盲文
出版社，2014.5
（新视野学习百科；37）
ISBN 978-7-5002-5073-9

Ⅰ．①植…　Ⅱ．①苏…　Ⅲ．①植物群落—青少年读物
Ⅳ．①Q948.15-49

中国版本图书馆 CIP 数据核字 (2014) 第 084719 号

原出版者：暢談國際文化事業股份有限公司
著作权合同登记号 图字：01-2014-2116 号

植物的群落

撰　　文：苏倩仪
审　　订：郑武灿
责任编辑：计　悦
出版发行：中国盲文出版社
社　　址：北京市西城区太平街甲 6 号
邮政编码：100050
印　　刷：北京盛通印刷股份有限公司
经　　销：新华书店
开　　本：889×1194　1/16
字　　数：33 千字
印　　张：2.5
版　　次：2014 年 12 月第 1 版　2014 年 12 月第 1 次印刷
书　　号：ISBN 978-7-5002-5073-9/Q·28
定　　价：16.00 元
销售热线：　(010) 83190288 83190292

版权所有　侵权必究

绿色印刷　保护环境　爱护健康

亲爱的读者朋友：

　　本书已入选"北京市绿色印刷工程—优秀出版物绿色印刷示范项目"。它采用绿色印刷标准印制，在封底印有"绿色印刷产品"标志。

　　按照国家环境标准 (HJ2503-2011) 《环境标志产品技术要求 印刷 第一部分：平版印刷》，本书选用环保型纸张、油墨、胶水等原辅材料，生产过程注重节能减排，印刷产品符合人体健康要求。

　　选择绿色印刷图书，畅享环保健康阅读！

北京市绿色印刷工程